AF578869

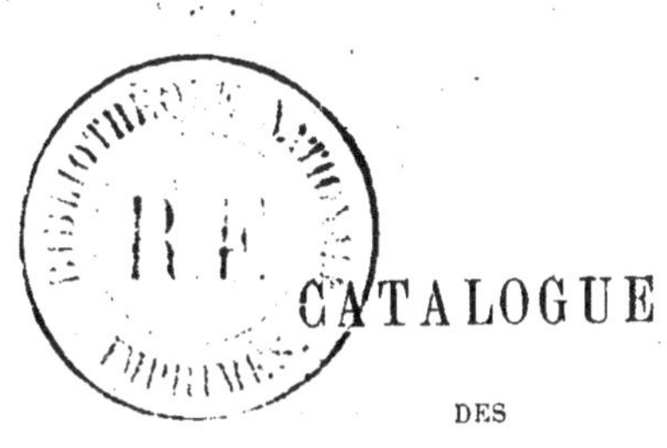

CATALOGUE

DES

COLÉOPTÈRES

DU GERS ET DU LOT-&-GARONNE

TROISIÈME PARTIE

CLAVICORNES.

Tribu I. — SILPHIDÆ.

Necrophorus, F.

Humator, Gœz. . . . très rare ; en juin et juillet sousles cadavres des animaux ; Gimont. — Marciac (E. A).
Larve: Ræsel (Ins. Bebist. 1746, IV. pl. 1.) — Chap. et Cand. (Cat., p. 51).
Mœurs des *Nécrophorus : Réaumur* (Mémoires).

Vespillo, L. . . . . . assez rare à Gimont, mêmes mœurs.
Larve :Schiodte (*Met. eleut.*, p. 33). - *Chap. Cand.* (*l. cit.*, p. 51).

Vestigator, Hersch.. plus commun ; mêmes mœurs. Gimont, Auch, — Lectoure, Courrensan (A. L.). — Eauze (*Terré*).

Var, interruptus, Brul. plus rare que le type à Sos (P. B.).

Gallicus, J. Duv. . . .. rare ; à Sos où M. Bauduer a trouvé aussi une variété à élytres entièrement rouges avec un seul point noir au milieu de chacune. (*Gobert. Cat. col. Landes*, p. 80.)

Ruspator. Er. . . . . . rare ; à Sos. (P. B.).

Sepultor, Charp. . . . très rare ; un seul à Courrensan (A. L.).

Mortuorum, F. . . . . très rare ; un seul à Gimont.

Il fréquente les bois, où l'on le trouve en automne dans les gros agarics en décomposition ; (*Fairm. et Laboulb. Faune ent. Fr.* p. 292).

Silpha, L.

Littoralis, L. . . . très abondant parfois sous les cadavres des gros animaux. Gimont, Samatan, Auch. — Marciac (E. A.). — Agen (*Fairm. Laboulb. l. cit.*).

Larve : Chap. Cand. (l. cit., p. 52.)

Thoracica, L. . . . . très rare ; mêmes mœurs ; pris une fois à Marciac (E. A.). — Sos (P. B.).

Rugosa, L. . . . . . . assez commun ; sous les cadavres en été ; dans les matières en décomposition, dans les détritus d'inondations en automne. *Larve: Schiodte* (*l. cit. tab.* IX, *ff.* 1-14).

Sinuata, F. . . . . . . très commun toute la belle saison sous les cadavres des mammifères et des reptiles.

Opaca, L. . . . . rare dans notre région ; Lectoure sous des tas de paille ; plus commun à Sos dans les champs (P. B.).

Larve: Fairmaire (*Soc. ent.* 1852, et *Faune ent. Fr.* p. 294). — *Guérin-Méneville* (*Soc. ent.* 1846, *bull.* p. 72. — *Mœurs :* id. ibid. 1848, *bull.* 72.)

Puncticollis, Lucas . très rare ; un seul exemplaire à Campagne (G. B.).

Reticulata, F. . . . rare ; dans les champs, sur les sentiers ; (phytophage). Sos (P. B.).
Larve : Strubing (Ent. Zeit. Stett. 1842, p. 37).

Nigrita, Creutz . . . très commun jusqu'en octobre dans les Pyrénées ; descend dans la vallée de l'Adour : Préchac, Tarsac (A. L.). — commun à Sos (P. B.).

Tristis, Illig. . . . . rare ; sous les végétaux en décomposition. Gimont. — Sos (P. B.).

Obscura, L. . . . . . assez rare ; sous les cadavres, les végétaux en décomposition ; en automne sous les pierres et autres abris.
Larve : Blisson (Soc. ent. 1846, *p.* 69). *Chap. Cand.* (*l. cit.* p. 52).

Lœvigata, F. . . . .. commun en automne et en hiver au pied des arbres et dans les détritus d'inondations.
Larve et mœurs: Fairm. Laboulb. (*l. cit.* p. 297). Elle vit d'escargots ainsi que la suivante.

Atrata, L. . . . . .. très commun en automne et en hiver, sous les herbes, au pied des arbres et dans les détritus d'inondations.

Leptinus, Mull.

Testaceus. Mull. . . Je n'ai trouvé cette rare espèce qu'une fois dans les Hautes-Pyrénées ; M. Lucante l'a prise aussi dans la grotte de Lestelle (Basses-Pyrénées). Je me fais néanmoins un devoir de la signaler, persuadé qu'elle sera prise dans le pays, soit à l'aide d'appâts, tels que la peau de lapin, soit dans les grottes, soit dans les vieux fagots, dans les feuilles entassées, ou sous les bois des celliers.

Bathyscia, Schmidt

Larcennei, Ab.... . (inédit). j'ai découvert cette espèce à Pordiac en octobre. Nous l'avons capturée, Monsieur l'abbé Taupiac et moi, à l'aide d'appâts enterrés à l'avance, au pied des terrasses de roche calcaire qui bordent les vallons dans toute la région. (1)

Schiœdtei, Kiesw. . très rare dans la région. Monsieur Lucante l'a trouvé dans les ruines de l'antique château de Courrensan, sous les pierres humides.

Meridionalis, J.Duv. espèce valable et admise par les spécialistes. (Voir la note de M. Lucante dans la *Feuille des J. nat.* 1877, p. 89).

Cette espèce, trouvée d'abord sous une grosse pierre profondément enfoncée au bord d'un marais près Bordeaux, par MM. Souverbie et Larcynie, a été reprise à Lectoure par M. Lucante dans la partie souterraine de vieux piquets, dans la terre sous des appâts, dans de vieilles racines. Il l'a reprise encore à Courrensac en compagnie du rare *Nossidium pilosellum*, en tamisant la terre du pied d'un vieil orme. Je l'ai pris à Gimont en mars et en juin à l'aide d'appâts animaux enterrés dans mon jardin. — Aussi à Gensac près Condom (*abbé Sarroméjean*), à Tonneins (*Boyenval*).

---

(1) J'ai donné cette espèce à quelques-un de mes correspondants sous le nom provisoire de *Schiœdtei*, localité Pordiac ou Gers. Voir la description de cette espèce et d'autres du même genre à l'appendice.

Lucantei, Ab. . . . espèce non encore décrite parce qu'on n'a
(inédit). encore que la femelle. M. Lucante l'a découvert à Courrensan en tamisant du terreau du pied d'un vieil orme.

Ovatus, Kiesw. . . . très rare. Deux exemplaires à Gimont dans les détritus d'inondations en novembre. Deux exemplaires trouvés en tamisant des mousses dans la forêt du Gajan près Lectoure (A. L.).

Choleva, Latr.

Angustata, F. . . . . assez commun toute l'année dans les débris animaux et végétaux; au vol le soir en juin et juillet, et un peu partout.

Mœurs. Ici je passe la plume à M. Lucante. En 1874. en longeant les murs du chœur de l'Eglise de Saint-Gervais à Lectoure, le lundi après le dimanche des Rameaux, j'aperçus avec *Lithocharis nigritula* et *L. melanocephala*, grimpant le long du mur,, deux ou trois *choleva angustata*; en continuant ma chasse j'en pris une douzaine. Les deux années suivantes, toujours le lendemain ou le surlendemain du même dimanche des Rameaux, j'ai trouvé la même espèce par 60 et 80 exemplaires, le long des piliers et des murs, près de terre, grimpant ou réfugiée dans les trous de la pierre. Etait-ce le laurier et l'olivier qui avaient attiré ou apporté ces espèces dans l'église ? Pour les *Lithocharis*, je le crois ; pour les *Chcleva*, cette question est encore pour moi couverte de mystère. J'ai appris de M. Péragallo de Nice qu'il prend abondamment cette espèce à Monaco sous les feuilles d'olivier décomposées. Mais à Lectoure l'olivier n'entre que pour la millième partie dans les rameaux qui servent à la fête.

Sturmi, Bris. . . . . . très rare; trouvé un seul exemplaire de cette espèce en tamisant des détritus d'inondation du Gers à Lectoure (A. L.).

Intermedia, Kr. . . . très rare; sous les feuilles humides; Sos (P. B.).

Cisteloïdes, Frœhl. . rare; sous les débris animaux et végétaux. Samatan, Campagne. Au vol le soir. — Sos. (P. B.).

Agilis, Illig. . . . . . très rare; mêmes mœurs; à Sos (P. B.).

Catops, Payk.

Fuscus, Panz. . . . . assez rare à Sos, le soir au vol sur les prairies (P. B).

Larve : Erichson (*Arch. de Wiegen* 1841, I, p. 102).

Nigricans, Spence et *var.* Fuliginosus . rare; à Gimont en juin et juillet dans les bolets en décomposition. — Sos (P. B.). Vit, d'après M. Rouget, avec *Lasius fuliginosus*.

Picipes, F. . . . . . . rare; sous les cadavres de petits animaux, dans les creux d'arbres. Sos (P. B.). — Meylan (A. L.).

Coracinus, Keln. . . rare; mêmes mœurs. Sos (P. B.).

Tristis, Panz. . . . . très rare; deux exemplaires dans les détritus d'inondation du Gers à Lectoure (A. L.).

Fumatus, Spence... rare; sous les débris végétaux; mai, septembre; Gimont.—Lectoure, Courrensan (A. L.). — Marciac (E. A.). — Sos (P. B.).

Chrysomeloïdes, Panz. . . . . très rare; sous les débris animaux et végétaux. Sos (P. B.).

Watsoni, Spence. . . rare; id. Sos (P. B.).

Anisotomoïdes, Spence. . . . . commun; en été le soir au vol sur les prairies, Gimont. — Sos (P. B.) : pris en quantité à Courrensan dans une peau de lapin couverte de feuilles humides (A.L.). — Avec L. *fuliginosus* (*Rouget*).

Sericeus, F. . . . . . . très commun; toute l'année dans toutes les matières en décomposition.

Colonoïdes, Kr. . . .. très rare; dans un vieux nid de *Vespa crabro* à Sos (P. B.). Dans les fourmilières à Courrensan (A. L.). Vit en parasite avec plusieurs fourmis.

Catopsimorphus, A.

Pilosus, Muls. . . . . très rare; deux individus dans une fourmilière en mai à Sos (P. B.). Vit avec *Atta structor* (*Rouget*).

Colon, Herbst.

Viennensis, Herbst.. très rare : sous les détritus. Lectoure (A. L.). — Sos (P. B.).

Dentipes, Sahlb . . . très rare; Sos (P. B.).

Affinis, Sturm. . . . . rare; au vol le soir dans les clairières des bois, à Sos (P. B.).

? Confusus, Fairm. . Sos (P. B.).

Angularis, Er. . . . . id. id.

Brunneus, Spence. . très rare; le soir au vol; Gimont 1 seul. — Sos (P. B.).

Tribu II. — ANISOTOMIDÆ.

Hydnobius, Scht.

Punctatus, Sturm. . très rare; en fauchant en avril et en mai dans les clairières des bois. Sos (P. B.),

Anisotoma, Illig.

Triepki, Scht. . . . . très rare; au vol dans les bois, à Sos (P. B.).

Dubia, Panz. . . . . très rare; au vol dans les bois, à Sos (P. B.).

Var. Ferruginea, Steph. . . . . . très rare; au vol, noyé dans les trous dès le mois de février; dans les détritus d'inondations, Gimont ; Sos (P. B.) ; Marciac (E. A.).

Var. Pallens, Schtm. id. id. Gimont.

Curta, Fairm. . . . Sos (P. B.).

Caullei, Bris. . . . . très rare ; au vol le soir dans les prairies. Sos (P. B.).

Calcarata, Er. . . . rare ; au vol le soir dans les clairières des bois et sur les prairies à Sos (P. B.).

Litura, Steph. . . . très rare ; à Gimont au premier printemps, au vol le soir dans les bois ; noyé dans les ornières. Plus commun à Sos (P. B.). — Marciac (E. A.).

Colenis, Er.

Dentipes, Gyll. . . . rare ; à Gimont dans les détritus d'inondation de novembre ; en fauchant le soir sur les prairies. Lectoure (A. L.) ; moins rare à Sos (P. B.).

Bonnairei, Duv. . . . rare ; sur les truffes. Sos (P. B.).

Liodes, Latr.

Humeralis, F. . . . . assez rare ; à Sos, dans divers champignons (P. B.).
Larve : *Erichson* (*Arch. de Wiegm*, 1847, I. p.284).

Axillaris, Gyll. . . . rare ; id. ibid.

Castanea, Herbst. . assez rare ; à Sos dans les champignons : *Lycogala miriata* et *Reticularia hortensis*. La larve vit dans ces mêmes champignons de la famille des *Lycoperdon*, vulgairement : *Vesse-de-loup*, qui se développent en août et septembre sur la tannée des orangeries et sur la vermoulure des vieilles souches. (*Perris* : *Mém. soc. Liége 1855, 6*, p. 233) apud. *Gobert, l. cit.* p. 53.

Amphicyllis, Er.

Globus, F. . . . . . rare ; à Sos dans les feuilles devenues fongueuses par la décomposition (P. B.).

Globiformis, Sahlb. . id. id.

Agathidium, Illig.

Atrum, Payk . . . . très rare ; à Sos (P. B.), sous les bois en décomposition.

Pallidum, Gyll. . . . très rare ; à Sos en hiver dens les fagots et sous les feuilles sèches dans les vieilles haies, (P. B.).

Lœvigatum, Er. . . . assez rare ; à Sos ; même habitat (P. B.).

Mandibulare, Sturm. très rare ; pris une fois dans les détritus d'inondations à Gimont.

Globosum, Muls. . . très rare ; à Sos en hiver sous les vieux fagots de chêne (P. B.).

Rotundatum, Gyll. .. pas rare sous les fagots et dans les vieilles souches de pin à Sos (P. B.).

Larve et mœurs : *Perris* (*Soc. Liège* 1855, p. 233 et *Soc. ent.* 1851, p. 43).

Elle vit dans le champignon *Trichia cinnabarina*.

Varians, Beck. . . . . assez commun à Sos sous les feuilles humides, dans les fossés et sous les mousses en hiver (P. B.).

Nigrinum, Sturm. . . très rare ; sous les fagots et les feuilles en décomposition à Sos (P. B,).

Hæmorrhoum, Er. . id. ibid. (P. B.).

Tribu III. — CLAMBIDÆ.

Clambus, Fisch.

Armadillo, de G. . . assez rare ; en mars et avril, puis en septembre et octobre dans les tas d'herbes, dans les rameaux enterrés, dans les détritus d'inondations. Gimont. — Sos (P. B.). Je l'ai pris aussi en octobre à Lahourcade (Basses-Pyr.) dans des fagots. Vit aussi avec *L. fuliginosus* (*Bouget*).

Pubescens, Redt. . . commun à Sos dans les toitures de chaume (P. B.).

Minutus, Sturm. . . . assez commun dans les détritus végétaux à Gimont.— Plus commun à Sos (P. B.). et à Meylan (A. L.) avec le précédent.

Loricaster, Muls.

Testaceus, Muls. . . . très rare ; sous les mousses et les feuilles humides en hiver à Sos (P. B.).

Calyptomerus, Redt.

Dubius, Marsh. . . . assez rare ; à Gimont, à Pordiac, à Lahourcade (Basses-Pyrénées) dans les fagots, dans des appâts soit végétaux, soit animaux enterrés; commun dans les toitures de chaume à Sos (P. B.), — à Meylan (AL.).

Larve : Perris (*Soc. ent.* 1852, 2e sér. p. 574).

Troglodytes, Fauv.. Sos (P. B.).

Tribu IV. — CORYLOPHIDÆ.

Sacium, Le Comte.

Pusillum, Gyll. . . . commun toute l'année, principalement en hiver, sous les tampons de paille aux liens des arbres, sous les écorces, les détritus végétaux, dans les toitures de chaume.

Larve : Perris (sous le nom de *Gryphinus piceus. Mém. soc. Liége*, 1855, p. 270).

Brunneum, Bris. . . rare; dans les feuilles sèches des bois. Lectoure (A. L.), Sos (P. B.).

Arthrolips, Woll.

Obscurus, Sahlb . . . assez commun sur le lierre en été; sous les écorces et autres abris en hiver. Gimont. — Sos (P. B.).

Larve : Perris (*Mém. soc. Liége* 1855, p. 272).

Sericoderus, Steph.

Lateralis, Gyll. . . . très commun toute l'année, mais principalement l'hiver dans les tampons de paille, les toitures de chaume, sous les écorces. Aussi dans les fourmilières de *L. fuliginosus* (*Rouget*).

Corylophus, Steph.

Cassidoïdes, Marsh. . commun dans les vieux chaumes, les détritus Sos (P. B).

Sublævipennis, Duv. rare ; à Gimont dans de petit bois enterré ; dans les mousses et les feuilles mortes. — Lectoure, Layrac, Meylan (A. L.). Dans les toitures de chaume à Sos (P. B.). Je l'ai pris aussi en certain nombre dans de petits fagots en septembre à Lahourcade (Basses-Pyrénées).

Moronillus, Duv.

Ruficollis, Duv. . . . très rare ; en tamisant la terre prise au pied des plantes. Sos (P. B.).

Orthoperus, Steph.

Brunnipes, Gyll. . . . assez commun ; en automne et au printemps dans les détritus d'inondations, dans les tas, d'herbes, les toitures de chaume. Gimont, — Lectoure, Courrensan, etc (A. L.), — Sos (P. B.).

Larve : Perris (Soc. ent. 1852, 2e *sér.* p. 587).

Subjacens, Pand. . . rare ; avec le précédent. Gimont. Je l'ai pris aussi à Lahourcade en septembre dans de petits fagots.

Obscuratus, Pand. . rare ; avec les précédents ; Gimont. A Sos sur les bois moisis dans les celliers (P. B.).

Anxius, Muls. . . . . . un seul exemplaire à Sos en tamisant des mousses et des feuilles mortes (P. B.).

Atomus, Gyll. . . . . . assez commun à Sos dans les fagots et les détritus (P. B.).

Atomarins, Meer. . . très commun ; sur les bouts des tonneaux, sous les bois humides dans les celliers.

Tribu V. — SPHÆRIDÆ.

Sphærius, Waltl.

Acaroïdes, Waltl. . . rare ; à Sos (P. B.). Cette espèce, d'après M. Gobert (*l. cit.* p. 86), vit au bord des ruisseaux ; on la prend en arrosant le sable.

Tribu VI. — TRICHOPTERIDÆ.

Ptinella, Mots.

Denticollis, Fairm rare ; à Sos sous les écorces des peupliers abattus, quand le bois, se détachant, prend une couleur brune (P. B.).

Aptera, Guer. et *Var* testacea, Héer. . . commun ; sous les écorces du chêne, du pin, du peuplier, dans les mêmes conditions que le précédent. Gimont. — Sos (P. B.). Aussi à Lahourcade (Basses-Pyrénées) *Larve : Perris* (*Ins. pin marit.*, p. 64, et *Soc. ent.* 1853, p. 586).

Angustula, Gillm. . . assez rare ; avec les précédents. Sos (P. B.).

Pteryx, Matthew.

Suturalis, Heer. . . très rare ; je l'ai pris à Gimont sur des morceaux de bois et des herbes vertes enterrés.

Astatopteryx, Perris.

Laticollis, Perris. . . très rare ; sous les écorces habitées par les fourmis ; pris une fois à Samatan sous l'écorce d'un saule dans une galerie de fourmis. Moins rare dans les Landes et particulièrement à Sos (P. B.), dans les souches de pin habitées par *Formica pubescens*. Cet insecte s'enfuit avec agilité dès qu'on soulève les écorces qui l'abritent. (Gobert, *l. cit.* p. 87.)

Trichopteryx, Kirby.

Atomaria, de G.. .. commun ; au vol en hiver autour des fumiers, sous les tas d'herbes, dans les bois enterrés, les détritus d'inondations. Gimont, — Lectoure, Layrac, Courrensan (A. L.). — Sos (P. B.).

Fascicularis, Herbst. commun ; dans les fumiers ; le soir au vol ; toute la région et toute l'année ; en hiver dans les détritus d'inondations. Avec *Las. fuliginosus* (Mœklin).
Larve : *Perris* (*Soc. ent.* 1846.) — *Allibert.* (*Rev. zool.* 1847, p. 190.)

Grandicollis, Mannh. moins commun ; avec le précédent. Avec *Las. fuliginosus* et *Form. rufa* (Mœklin).

Brevipennis, Fr.. . . rare ; dans les détritus d'inondations à Gimont, dans les mousses au bord des marais. Sos (P. B.) ; avec les mêmes fourmis (*Rouget*).

Sericans, Heer. . . . Sos. (P. B.).

Picicornis, Mannh.. . id.

Chevrolati, Allib.. . . id.

Nephanes, Thomps.

Abbreviatellus, Heer. rare ; dans les crottins desséchés de cheval ; août et septembre ; Sos. (P. B.).

Ptilium, Gyll.

Halidayi, Matth. . . . . très rare ; dans le liber décomposé du chêne-liège ; en décembre, Sos (P. B.). C'est l'espèce désignée sous le nom de *rugulosum* Allib. dans le *Catalogue* de M. Gobert, p. 88. (P. Bauduer.)

Kunzei, Heer.. . . . . rare ; dans les vieux fumiers à Sos (P.B.).

Foveolatum, Allib... rare, dans les vieux fumiers, à Sos (P. B.).

Pteuidium, Er.

Pusillum, Gyll.... assez commun; dans les fumiers et les herbes en décomposition ; au vol le soir autour des fumiers. Sos. (P. B.). — Dans les fourmilières (*Fairm. Laboulb. l. cit.* p. 340.)

Fuscicorne, Er.... Sos (*P*. B).

Apicale. Er....... commun ; toute la région ; mêmes mœurs.

Nossidium, Er.

Pilosellum, Marsh... très rare ; pris en septembre à Courrensan en compagnie d'un *Bathyscia meridionalis*, au pied d'un orme carié, en tamisant la terre (A. L.).

Tribu VII. SCAPHIDIDÆ.

Scaphidium. Ol.

4 — maculatum. Ol. commun ; dans les bolets passés et sous les écorces fongueuses ; Auch (H. B.). — Lectoure, Courrensan (A. L.). — Sos (P. B.) ; plus rare à Marciac (E. A).

Scaphium, Kirby.

Immaculatum, Ol... rare ; comme le précédent ; Lectoure, Pergain (A. L.). — Sos (P. B.).

Scaphisoma, Leach.

Agaricinum, L..... commun ; avec les précédents. *Larve* : *Perris* (*Larv. col.* 1877, p. 1, ff. 1-8. *et Gobert.* (*Cat. Landes*, p. 88.)

Tribu VIII. — HISTERIDÆ.

Platysoma, Leach.

Frontale, Payk..... très rare ; 2 exemplaires pris à Sos dans de vieux troncs de chêne-liège (P. B.).

Depressum, D. . . . . assez commun ; sous les vieilles écorces de chêne, en novembre sous les bouses desséchées.

Larve : Schiœdte (*Met. eleut.* tab. 2, ff. 2-5.).

Oblongum, F. . . . commun dans la région des pins, sous les vieilles écorces de cette essence ; printemps et automne. Sos (P. B.), — Meylan (A. L.)

Larve : *Perris* (*Ins. pin marit.*, p. 124).

Hister, L.

Major, L. . . . . très rare ; deux individus dans les bouses en Armagnac (*Gobert l. cit.*, p. 96). — Lectoure. 1 seul exemplaire (J. Dayrem). — Sos (P. B).

Inæqualis, Ol. . . . . très rare ; un individu sous les bouses en Armagnac. (*Gobert, ibid.*).

4, — maculatus, L. . très commun ; dans les matières en décomposition ; en hiver, dans les détritus d'inondation.

Larve : *Perris* (*Larv. col.* 1877, p. 21, et *Cat. Gobert*, p, 90).

Var. Gagates, Illig. . un peu moins commun.

Var. Humeralis, Fisch. . . . . rare ; mêmes mœurs.

? Crassimargo, Pand, commun ; avec 4 — *maculatus ;* Gimont. — Sos (P. B.).

Helluo, Truq. . . . . rare ; sur l'aulne à Sos (P. B.).

Unicolor, L. . . . . . assez rare ; dans les bouses et sous les cadavres, en été ; Gimont, — Sos (P. B.).

Larve : *Schiodte.* (*Met Eleut. obs.* 862, p. 62, pl. 1).

Cadaverinus, Hoffm. assez commun ; sous les petits cadavres.

Larve : Latreille (*Dict. hist. nat.* X. p. 429).

Merdarius, Hoffm. . assez rare ; dans les troncs d'arbres cariés, dans la fiente de poules et les excréments. Lectoure (A. L.). — Sos (P. B.). *Larve : Chap. Cand.* (*l. cit.*, p. 65).

Fimetarius, Herbst. . rare ; dans les bouses. Sos (P. B).

Neglectus, Germ.... id. id. id.

Ignobilis, Mars..... très rare ; sous les petits cadavres à Gimont.

Carbonarius, Hoffm. assez commun ; sous les cadavres et les végétaux en décomposition ; toute la région.

Ventralis, Mars.... rare ; dans les excréments humains et la fiente des volailles. Gimont. — Courrensan (A. L.).

Ruficornis, Grim.... très rare ; avec *Las. fuliginosus* en Armagnac (*Gobert l. cit.*, p. 91). - Sos (P. B).

Purpurascens, Herb. très rare ; dans les troncs cariés de chêne-liége. Sos (P. B.).

Nigellatus, Germ. . . très rare ; un seul individu à Marciac (E. A.).

Stercorarius, Hoffm rare ; dans les fumiers. Agen (*Fairm-Laboulb.* (*l. cit.*) ; — Courrensan (A. L.). — Marciac (E. A.). — Sos (P. B.).

Sinuatus, Illig..... commun dans les bouses sèches ; septembre et octobre ; toute la région.

4, — notatus, Scrib. rare ; mêmes mœurs. Marciac (E. A.). — Sos (P. B.).

Lugubris, Truq. . . , très rare ; un seul à Gimont. Id. à Marciac (E. A.). Tonneins (P. B.).

Funestus, Mars. . . . un seul à Gimont.

Bimaculatus, L.. . , . assez rare ; dans les vieilles bouses, en septembre et octobre. Samatan, Gimont, — Marciac (E. A.) ; — Courrensan (A. L.). — Agen (*Laboulb. l. cit.*).

12 Striatus, Schrk. . . commun sous les herbes en décomposition. *Larve : Perris* (*Larv. col. 1877*, p. 19, et *Catal. Gobert.*, p. 91).

Corvinus, Germ. . . . rare ; avec le précédent ; Gimont, — Marciac (E. A.).

Carcinops, Mars.

Corpusculus, Mars . rare ; sous les pièces de bois ; Marciac (E. A.), Sos (P. B).

Pumilio, Er. . . . . . . rare ; mêmes mœurs. Sos (P. B.).

Paromalus, Er.

Parallelipipedus, Herbst. . . . . . . , .. assez rare ; dans la région des pins sous les écorces de cette essence. Sos (P. B.).

Flavicornis, Herbst. rare à Gimont sous les vieilles écorces ; commun sous l'écorce du pin à la suite des *Bostrichus.* (*Gobert. l. cit*).
Larve :*Perris* (*Ins, pin marit.*, p. 129 et *Soc. ent.* 1854, p. 91).
Elle vit soit des larves de Bostriches, soit de leurs résidus.

Complanatus, Illig. . Sos (P. B.).

Hetærius, Er.

Sesquicornis, Preyss. très rare ; en Armagnac dans les fourmilières de *L, fuliginosus* ; toute la France avec plusieurs espèces de fourmis.

Dendrophilus, Leach.

Punctatus, Herbst. . . assez rare, dans les fientes de volailles, de pigeons ; avec plusieurs fourmis dans la saison froide. Gimont, un seul. — Laplaigne, Gagaupony (A. L.). — Sos (P. B.).

Pygmæus, L. . . . . . rare ; avec les *Form. rufa* et *fulva.* Agen (*Laboulb. l. cit.*). — Sos (P. B.).

Saprinus, Er.

Maculatus, Rossi. . . assez commun; sous les cadavres de reptiles; mai-août. Gimont.— Agen (*Laboulbène*).

Semipunctatus, F. . . commun ; sous les cadavres des gros animaux. Gimont. — Lectoure, Courrensan (A. L.). — Marciac(E. A.). — Agen (*Laboulbène*).

Detersus, Illig. . . . . assez rare ; sous les cadavres des mammifères ; Gimont. — Marciac (E. A.). — Courrensan (A. L.). — Sos (P. B.). — Agen (*Laboulbène*).

Nitidulus, Payk . . . très commun ; printemps et été sous toutes sortes de matières en décomposition.

Subnitidus, Mars, . . commun; avec le précédent.

Speculifer, Latr. . . commun ; en juin et juillet sous les cadavres de reptiles.

Æneus, F. . . . . . . rare; dans les bouses et les cadavres. Gimont, un seul exemplaire, — Lectoure (A. L.), — Agen (*Laboulb.*), — Sos (P. B.).

Chalcites, Illig. . . . . rare; dans les cadavres de reptiles et de poissons. Gimont,— Sos (P. B.).

Granarius, Er, ... Sos (P. B.).

Conjungens, Payk. . rare; sous les matières en décomposition. Gimont; — Marciac (E. A.), — Agen (*Laboulbène*), — Sos (P. B.).

4 — striatus, Hofm. . Sos (P. B.).

Crassipes, Er. . . . . . id.

Grossipes, Mars. . . . id.

Metallicus, Herbst. . rare; mêmes mœurs. Lectoure, Courrensan (A. L.). — Agen (*Laboulbène*).

Apricarius, Er.. . . . Sos (P. B.).

Nannetensis, Mars. . rare; dans la fiente des volailles. Sos (P. B.).

Rotundatus, Illig. . . assez commun dans les fumiers. Il se prend quelquefois, ainsi que plusieurs autres coprophiles, dans les cabinets, dès le mois de mars.

Larve : *Perris* (*Larv. col.* 1877, p. 21, et *Cat. Gobert.*, p. 95).

Myrmetes, Mars.

Piceus, Payk. . . . . . très rare ; dans les fourmilières de *F. rufa*. Courrensan (A. L.), Sos (P. B.).

Teretrius, Er.

Picipes, F. . . . . très rare ; un seul pris accidentellement dans la maison à Sos. (P. B.) Vit avec *L. fulinosus* (*Mœrkel*).

Larve: Perris (*Ibid.* p. 22 et *Cat. Gobert.* p. 95). Elle vit dans les sarments cariés aux dépens du *Sinoxylon bidentatum*.

Plegaderus, Er

Saucius, Er. . . . . . assez rare ; sous les vieilles écorces de pin à Sos (P. B.).

Cæsus, F. . . . . assez rare ; dans les troncs cariés de chêne ; sous les vieilles écorces du châtaignier. Sos (P. B.).

Dissectus, Er . . . . Sos (P. B.).

Discisus, Er. . . . . . commun sous les écorces du pin toute l'année. Sos (P. B.). — Meylan (A. L.).

Larve: Perris (*Soc. ent.* 1854, p. 92 et *Ins. pin marit.*, p. 120). Elle vit aux dépens du *Crypturgus pusillus*.

Pusillus, Rossi. . . . très commun sous l'écorce pourrie de chêne-liège, à Sos (P. B.).

Onthophilus, Leach.

Sulcatus, F. . . . . . . très rare ; dans les détritus d'inondations du Gers à Lectoure (A. L.).

Exaratus, Illig. . . . . Sos (P. B.).

Striatus, Forst. . . . . commun ; dans les matières en décompositions, dans les détritus d'inondations en automne. Gimont. — Lectoure (A. L.) — Agen (*Laboulbène*).

Bacanius, Le C.

Rhombophorus, A. . rare ; parfois dans le terreau des vieux troncs de chêne-liège ; Sos (P. B.). Aussi dans les fourmilières.

Abræus, Leach.

Globulus, Creutz. . . assez rare ; sous les vieilles écorces ; Sos (P. B.). — Gazaupouy (A. L.) Je l'ai pris aussi en septembre sous les écorces du chêne à Lahourcade (Basses-Pyrénées.)

Globosus, Hoffm. . . commun dans la région des pins dans les fourmilières, avec *L. fuginosus* à Sos (P.B.).

Larve : Perris (1) (*Larv. col.* 1877, p. 14, ff. 9-12 *et Cat. Gobert, p.* 97).

Acritus, Le C.

Atomarius, A. . . . . très rare ; sous les vieux troncs cariés de peuplier ; Sos (P. B.).

Nigricornis, Hoffm. . commun ; au vol autour des fumiers ; dans la carie des chênes-liège ; Sos (P. B.). — Meylan (A. L.).

Minutus, Herbst. . . . rare ; à Gimont dans les détritus d'inondations ; — Lectoure, Courrensan (A L.), — commun à Sos dans le chêne-liège et autour des fumiers le soir au vol (P. B.).

---

(1) On lira avec intérêt la classification des larves des Histerides et les généralités sur leurs mœurs. Ibid., page 24.— Consulter pour cette tribu la savante monographie de M. l'abbé de Marseul.

Tribu IX. — PHALACRIDÆ.

Phalacrus, Payk.

Corruscus, Payk. . . très commun ; sous les mousses en hiver, sur les plantes et les arbres en été.

Substriatus, Gyll. . . très rare ; pris au fauchoir à Sos (P. B.).

Caricis, Fairm. . . . assez commun ; id. id.

Olibrus, Er.

Corticalis, Panz. . . . assez commun ; sur les plantes au beau temps, sous les mousses et les écorces en hiver. Sa larve vit dans les fleurs de *Senecio sylvaticus* (*Gobert Cat. Landes*).

Ænescens, Kust. . . . très commun sur *Anthemis mixta*. Sa larve vit dans les fleurs de la même plante en juin (*Gobert. l. cit.*).

Æneus, Illig. . . . . . très commun toute la belle saison sur toutes les plantes. En hiver sous les écorces, les abris.

Bicolor, F. . . . . . . assez commun ; en hiver. Sa larve vit dans les fleurs des Composées. Gimont — Sos (P. B.). — Courrensan (A. L.).

Bimaculatus, Kust. . assez rare : id. Gimont — Lectoure, Courrensan (A. L.). Je l'ai pris aussi en septembre à Lahourcade (Basses-Pyrénées).

Liquidus, Er. . . . . . Sos (P. B.).

Affinis, Sturm. . . . . très commun ; sur les plantes en été ; dans les détritus d'inondations en automne.
Larve et métamorphoses ; Laboulbène (Soc. ent. 1868, p. 821). Vit dans les fleurs des Composées.

Helveticus, Tourn. . Sos (P. B.).

Particeps, Muls. . . . commun ; sur *Elychrysum stœchas*.

Millefolii, Payk. . . . commun ; sur *Achillæa millefolium*. Sa larve vit sur la même plante.

Pygmæus, Sturm. . commun ; en fauchant sur les prairies ; en automne dans les détritus d'inondations.
Sa larve vit dans les fleurs de *Filago gallica* (*Gobert*, loco cit°.).

Geminus, Illig. . . . . très-commun ; comme *affinis*.

Piceus, Steph. . . . . assez commun à Sos (P. B).

Baudueri, Tourn. . . très-commun ; sur *Artemisia campestris* et *vulgaris*, surtout à Sos (P. B.). Sa larve vit sur les mêmes plantes (*Gobert*, l. cit°).

Oblongus, Er. . . . . Sos (P. B.).

Tribu X. — NITIDULIDÆ.

Cercus, Latr.

Pedicularius, L. . . . assez comun ; sur les fleurs au printemps. Gimont, — Sos (P. B.), Lectoure, — Courrensan, Astaffort (A. L.). — Marciac (E. A.).

Sambuci, Er. . . . . . Id. id

Rufilabris, Latr. . . . assez commun à Sos, sur les joncs (P. B.) *Larve* : *Perris* (*Larves col.* 1877, p. 38, f. 27). Vit dans les fleurs de *Juncus obtusiflorus*.

Brachypterus, Kug.

Gravidus, Illig. et var. Cinereus, Heer. . . commun ; sur les *Linaria*. Août, novembre ; quelquefois dans les détritus d'inondations en automne.
Larve : *Perris* (*Abeille*, 1870, n. 31), à consulter pour les mœurs des *Brachypterus* (*Larv.* col. 1877, p. 35 et *Cat. Gobert*, p. 101).

Linariæ, Corn. . . . . Sos (P. B.). Sur *Linaria striata*.

Vestitus, Kiesw. . . . commun ; sur *Antirrhinum majus*. Sos (P. B.). *Larve : Perris* (*ibid.*).

Urticæ, F. . . . . commun ; sur les orties.
Larve : *Perris* (*Ibid.* p. 37 et *Cat. Gobert*, p. 103).

Glaberrimus, Payk. . Sos (P. B.).

Carpophilus, Leach.

Rubripennis, Heer. . très-rare ; trois individus en mai sous l'écorce d'un peuplier mort, à Sos (P. B).

Hemipterus, L. et *var.* Bipustulatus Heer. assez rare ; sous les écorces pourries en hiver, sous les petits cadavres desséchés en été. Gimont, — Marciac (E. A.), — Sos (P. B.).
Larve : *Perris* (*Ibid.* p. 45, f. 33 et *Cat. Gobert*, p. 105).

4 — signatus, Er. . . rare ; dans les vieux marcs de raisins, en novembre et décembre ; Sos (P. B.).

Mutilatus, Er. . , . . très-rare ; à Sos (P. B.). Un seul exemplaire.

6 — pustulatus, F.. . commun ; sous les écorces, où il hiverne et dans les agarics parasites des arbres.
Larve : *Perris* (*Soc. ent.*, 1853, p. 593 et *Ins. pin marit.*, p. 71).

Epuræa, Er.

10 — guttata, F. . . rare dans notre région ; sur les fleurs et dans les plaies du chêne en juin et juillet. Marciac (E. A.) ; plus commun à Sos.

Æstiva, L. . . . . très commun dès le mois d'avril sur les fleurs du Viorne (*Viburnum lantana*), et tout l'été sur diverses fleurs.

Variegata, Herbst... rare ; mêmes mœurs. Sos (P. B.).

Obsoleta, F. . . . . . assez commun ; dans les chaumes et les plaies d'arbres, ainsi que sur les fleurs. Gimont. — Sos (P. P.).
Larve : *Bouché* (*Nat. der ins.*, 1834, p. 188), *Perris* (*Soc. ent.* 1862, p. 186). Elle se développe dans la sève qui s'extravase à

la section des arbres coupés au printemps, et s'enfonce dans la terre pour se métamorphoser.

Florea, Er. . . . . . . commun; sur les fleurs des arbres fruitiers, au printemps et dans les plaies des arbres. Sos (P. B.).

Limbata, F. . . . . . . rare; dans les vieilles souches de peupliers habités par les fourmis. Sos (P. B.).

Nitidula, F.

Bipustulata, F. . . . . rare; sous les petits cadavre et le soir au vol. Marciac (E. A.).— Sos (P. B.).

Flexuosa, F. . . . . . . Id. Sos (P. B.).

Obscura, F. . . . . . . très rare; mêmes mœurs. Gimont, — Marciac (E. A.), — Sos (P. B.).

4. — pustulata, F. . commun; toute l'année sous les petits cadavres desséchés, les peaux, les os; dans les détritus d'inondations.

Larve : Perris (*Larv. col.* 1877, p. 42 et *Cat. Gobert*, p. 106).

Soronia, Er.

Grisea, L. . . . . assez rare; sous les écorces, dans les plaies des arbres, sous les petits cadavres desséchés, dans les détritus d'inondations, en automne. Gimont. — Marciac (E. A.), — Sos (P. B.).

Larve : Perris (*Larv. col.* 1877, p. 26), *Erichson* (*Naturg. der ins. Deutsch.* p. 163), *Chap. Cand.* (p. 70). Elle vit dans la sève des arbres malades ou récemment abattus.

Amphotis, Er.

Marginata, F. . . . . . assez rare; sous les peaux desséchées; le soir, on le prend en fauchant. Gimont, Samatan, — Lectoure (A. L.), — Marciac (E. A.), Sos (P. B.). Je l'ai pris aussi dans les Hautes-Pyrénées.

Omosita, Er.

Colon, L. . . . . assez rare ; dans les détritus végétaux et dans les plaies des arbres. Gimont, — Lectoure, Layrac, Courrensan (A. L.). — Sos (P. B.).

Discoïdea, F. . . . . . id. id. ibid.

Thalycra, Er.

Fervida, Oliv. . . . . . très rare ; au vol le soir dans les forêts de pins. avril, mai, Sos (P. B.).

Pria, Steph.

Dulcamaræ, Illig. . . commun ; dans les haies sur la douce-amère. (*Solanum dulcamara*) ; toute la région.

Larve : Perris (*l. cit.*, p. 31 et *Cat. Gobert*, p. 107).

Meligethes, Steph.

Rufipes, L. . . . . rare dans notre région ; sur les fleurs ; juin et juillet ; plus commun à Sos. (P. B.).

Lumbaris, Sturm. . . assez commun ; sur les sauges ; mai juillet. Gimont. — Courrensan (A. L.), Sos (P. B.).

Fuscus, Ol. . . . . . . rare ; sur les fleurs des prés et des bois ; en juin, Sos (P.B.). Je l'ai pris à Alet (Haute-Garonne), dans la vallée de la Save. Sa larve vit dans les fleurs de *Lamium maculatum* et de *Stachys sylvatica* en juillet.

Gracilis, Bris. . . . . très rare ; sur les genêts. — Gimont.

Æneus, F. . . . . . . très commun surtout sur les fleurs des crucifères.

Larve : Heeger (*Sitzber. Wienn. acad. Wiss.* 1854). Elle vit dans les siliques de plusieurs plantes de la famille des crucifères, ch raves, etc.

Viridescens, F. . . . . commun; mêmes mœurs.
Larve : *Perris*. (*Larv. col.* 1877, p. 39, f. 28 et *Cat. Gob.*, p. 110). Elle vit dans les fleurs du radis et du navet.

Coracinus, Sturm. . . moins commun ; sur les crucifères. Gimont. — Sos (P. B.).
Larve : *Perris* (*ibid.*) Vit dans les fleurs de *Sinapis nigra* (moutarde).

Subæneus, Sturm. . . Sos (P. B.).

Subrugosus, Gyll. . . id.

Substrigosus, Er. . . id.

Morosus, Er. . . . . . sur les fleurs de Labiées, Sos (P. B.).

Brunnicornis, Sturm. Sos (P. B.).

Viduatus, Sturm. . . id.

Bidens, Bris. . . . . . . sur le trèfle, Sos (P. B.).

Pedicularius, Gyll. . id.

Marrubii, Bris. . . . . sur *Marrubium vulgare*. Sos (P. B.).
Larve : *Perris* (*ibid.*, p. 40 et *Cat. Gob.*, p. 111). Vit sur la même plante.

Villosus, Bris. . . . . Sos (P. B.).

Sulcatus, Bris. . . . . id. sur *Lamiun album*.

Fulvipes, Bris. . . . . id. sur les genêts.

Umbrosus, Sturm. . . assez rare; sur les genêts. Gimont. — Sos (P. B.).

Maurus, Sturm. . . . commun ; sur les sauges.

Tristis, Sturm. . . . . sur *Echium vulgare*, Sos (P. B.).

Punctatus, Bris. . . . Sos (P. B.).

Ovatus, Sturm. . . . . Sos (P. B.).

Flavipes, Sturm. . . . sur les légumineuses et les labiées. Gimont. — Sos (P. B.).
Larve : *Perris* (*ibid.*, p. 41). Vit sur *Ballota fœtida*

Rotundicollis, Bris. . rare ; sur les légumineuses. Gimont. — Sos (P. B.).

Picipes, Sturm. . . . . commun ; Gimont. — Sos.

Menthæ, Bris. . . . . assez commun ; sur les menthes. Gimont. *Larve* : *Perris* (*Ibid*).

Egenus, Er. . . . . . . Sos (P. B.). Larve : *Perris* (*Ibid*).

Obscurus, Er. . . . . Gimont. — Sos (P. B.) Sur *Teucrium scorodonia*. *Perris* (*Ibid*.

Palmatus, Er. . . . . . rare ; au fauchoir ; Gimont. Vit sur *Lotus corniculatus*. *Perris* (*Ibid*).

Erythropus, Gyll. . . commun sur *Lotus corniculatus* qui nourrit aussi sa larve. *Perris* (*Ibid*).

Solidus, Illig. . . . . . rare ; sur *Lotus* et genêts. Gimont. — Sos (P. B.).

Brevis, Sturm. . . . . un seul exemplaire au fauchoir. Sos (P.B.).

Pocadius, Er.

Ferrugineus, F. . . . assez rare ; dans les Lycoperdon en automne ; parfois avec *L. fuliginosus* (Rouget). Courrensan, Meylan (A. L.). — Marciac (E. A.). — Sos (P. B.).
Larve : *Bouché* (*Nat. der Ins.* p. 188). — *Chap* et *Cand*. (l. cit. p. 72).

Cychramus, Kug.

Luteus, F. . . . . . . pas rare en mai sur le saule à Sos. (P. B.).

Var. Fungicola, Heer. commun ; en novembre dans l'*Agaricus populneus*. Sos (P. B.).

Alutaceus, Reitt. . . . Sos (P. B.).

Cybocephalus, Er.

Atomus, Bris. . . . . . Sos (P. B.).

Cryptarcha, Schuck.

Strigata, F. . . . . . . très rare dans notre région sous les ecorces et dans les plaies du chêne en juillet et août; moins rare à Sos (P. B.).

Imperialis, F. . . . . . Sos (P. B.).

Ips, F.

Lœvior, Ab. , ... assez commun dans la région des Landes sous les pins gisant à terre; le soir au vol en mai. Sos (P. B.).
Larve: *Perris* (*Ins. pin marit.* p. 74, et *Soc. ent.* 1853, p. 596). *Letzner* (*Berlin ent. zeit.* 1859, p. 304). Elle vit aux dépens des xylophages du pin.

Rhizophagus, Herbist.

Depressus, F, ... rare dans notre région ; Marciac (E. A) ; commun dans les Landes sous les écorces de pins morts. Sos (P. B.).
Larve : *Perris* (*Ins. pin marit.* p. 77 et *Soc, ent.* 1853, p. 599). — *Erichson* (*Nat. der. Ins.* 1845, T, III, p. 227). Elle vit aux dépens des *Hylurgus*.

Nitidulus, F.. . . . . , rare; sous l'écorce des châtaigniers abattus à Sos (P. B.).
Larve : *Perris* (*Cat. Gobert*, p. 114).

Parallelicollis, Gyll. . Sos (P. B.).

Dispar, Payk. . , . . . Id.
Larve : *Perris* (*Larv. col.* 1877, p. 47, f. 35).

Perforatus, Er. . . . . rare; sous les écorces à Sos (P. B.).

Politus, Helw. . . , . assez commun ; sous les écorces du chêne, de l'orme, du chataignier. Sos (P. B.).
Larve: *Perris* (*Larv. col.* 1877, p. 28, ff. 13-16).

Tribu XI. — TROGOSITIDÆ.

Nemosoma, Latr.

Elongata, L. . . . . . rare sous les écorces du pin, du chêne, de l'aulne à la suite des *Bostrichus* et *Dryocœtes*. Sos (P. B.).
Larve : Chap. Cand. (*l, cit.* p. 74).

Temnochila, Wetsw.

Cærulea, Ol. . . . . . commun dans la région des pins sous les vieilles écorces de cette essence. Sos (P. B.).
Larve : Perris (*Ins. pin marit.* p. 82, et *Soc. ent.* 1855, p. 694). Sous les mêmes écorces où elle vit aux dépens des larves de xylophages.

Trogosita, Ol.

Mauritanica, L. . . . . très commun sous les écorces d'ormes rongées par la *Scolyte*; sous celles du chêne-liège à Sos (P. B.).
Larve : Perris. (*Larv. col.* p. 50). — *Oliv.* (*Enc. méth.*. T. V., p. 242), *Dorthes* (*Soc. d'agric. Paris* 1787). — *Chap. Cand.* (*l. cit.*, p. 65).

Peltis, Kug.

Ferruginea, L. . . . . rare ; sous les vieilles écorces du pin. Sos (P. B.). Trouvé aussi dans les Hautes-Pyrénées en septembre.

Thymalus, Duft.

Limbatus, F. . . . . . commun dans la région des pins sous les écorces fongueuses et dans les vieux bolets. Sos (P. B.). — Meylan (A. L.). Je l'ai trouvé aussi dans les bolets du sapin dans les Basses-Pyrénées en septembre.
Larve : Chap. et Cand. (*l. cit.* p. 77).

Tribu XII. — COLYDIIDÆ.

Sarrotrium, Illig.

Clavicorne, L. . . . . rare dans notre région; Gimont, janvier-avril, dans les écorces de chêne : plus commun à Sos dans les feuilles en décomposition, dans les plaies du chêne. Avec *F. rufa* (Mœrkel).

Endophlæus, Er.

Spinosulus, Latr. . . assez rare ; sous les écorces soulevées du chêne, parfois sous les mousses. Gimont, — Sos (P. B.). Octobre-mai. Aussi à Lahourcade (Basses-Pyrénées).

Larve : Perris (Larv. col. 1877, p. 51, ff. 36-40, et *Cat. Gobert,* p. 117). Elle vit des déjections des larves de longicornes qui ont rongé les écorces du chêne.

Bitoma, Herbst.

Crenata, F. . . . . . . très commun toute l'année sous les vieilles écorces de la plupart des arbres.

Larve : Perris (Ins. pin marit., p. 92 et *Soc. ent.* 1853, p. 614). Elle vit aux dépens des laves de xylophages.

Colobicus, Latr.

Emarginatus, Latr. . assez rare; sous les vieilles écorces des diverses espèces de chêne, octobre-mai. Gimont. — Lectoure, Courrensan (A. L.). — Sos (P. B.), moins rare,

Larve: Perris (Larv. col. 1877, p. 54, ff. 41-42, et *Cat. Gobert,* p. 119).

Cicones, Curt.

Variegatus, Helw. .. très rare; sous les écorces du chêne-liège, à Sos (P. B.).

Pictus, Er. . . . . . . Id. id. Sos (P. B.).

Aulonium, Er.

Sulcatum, Ol. . . . . assez rare ; sous les écorces d'orme rongées par les Scolytes ; toute l'année ; parfois en grand nombre quand l'arbre est presque mort. Gimont. — Sos (P. B.).

Larve : *Wetswood* (*Introd.*, *T. I*,, p. 147, f. 112). Elle vit aux dépens des larves de Scolytes.

Bicolor, Herbst. . . commun sous les écorces d'orme rongées par le Scolyte en septembre et octobre à Samatan. — Sous celles des pins rongées par le Bostriche à Sos (P. B.).

Larve: *Perris* (*Ins. pin marit.* p. 88, et *Soc. ent* 1853, p. 610). Elle vit aux dépens des xylophages.

Colydium, F.

Elongatum, E. . . . rare ; sous les écorces du chêne décomposées. Gimont. — Ligardes (A. L.). — Marciac (E. A.).— Sos (P. B.).

Larve : Ratzeburg (*Die fortins.* 1837, p. 188, T. XIV). — *Sturm* (*Deutschl. insect*, 1849, T. XX., p. 50, pl. 368). Elle vit dans les nids de *Platypus cylindrus*.

Filiforme, F. . . . . rare ; mêmes mœurs. Sos (P. B.).

Larve : Erichson (*Naturg. der ins.* 1845, p. 280).

Teredus, Shuck

Nitidus, F. . . . . . . rare, sous les écorces de chênes fraîchement abattus. Sos (P. B.) . — Meylan (A. L.).

Oxylæmus, Er.

Cylindrus, Panz. . . rare ; sous les chênes équarris posant sur le sol, sous les écorces fraîches. Marciac (E. A) — Sos (P. B.).

Cæsus, Er. . . . . . . très rare; trouvé à Sos dans les mêmes circonstances (P. B.).

Aglenus, Er.

Brunneus, Gyll. . . . assez commun; sous les écorces du chêne, et sous les mêmes bois décomposés. Courrensan (A. L.), — Sos (P. B.).

Bothrideres, Sturm.

Contractus, F. . . . . rare; sous les écorces du saule et du chataignier. Sos (P. B.).

Pycnomerus, Er.

Terebrans, F. . . . . commun; sous les écorces des chênes fraîchement abattus, Lectoure, Courrensan, rare (A. L.), Sos (P. B.). L'*inexspectus* cité de Sos (*Cat, Gobert*) est le *terebrans*. (Note Bauduer).

Cerylon, Latr.

Histeroïdes, F. . . . assez commun; sous les écorces du chêne, septembre-mai; Gimont. — Lectoure, Courrensan (A. L.) Campagne. Plus commun sous les vieilles écorces du pin; Sos (P. B.). Aussi dans les nids de plusieurs espèces de fourmis.

Larve : Perris (*Soc. ent*, 1853, p. 616). Elle vit aux dépens des larves d'*Hylesinus piniperda* et d'autres xylophages.

Angustatum, Er. . . rare; mêmes mœurs; un seul à Campagne (Armagnac). — Sos (P. B.).

Impressum, Er. . . . Sos (P. B.).

Tribu XIII. — CUCUJIDÆ.

Brontes, F.

Planatus, L. et *var*. Pallidus, Fairm. . très commun sous les vielles écorces dans toute la région.

Larve : *Perris* (*Soc. ent.* 1853, p. 621 et *Larv. col.* p. 57).

Læmophlæus, Er.

Monilis, F. . . . . . . rare ; sous les vieilles écorces de chêne, Sos (P. B.).

Nigricollis, Luc. . . . commun ; sous les écorces du chêne-liège à Sos (P. B,).

Castaneus, Er. . . . . rare ; dans les branches mortes des chênes. Sos (P. B.).

Dufouri, Laboulbène. assez rare ; sous les écorces du pin. Sos (P. B.), — Meylan (A. L.).
Larve : *Perris* (*Ins. pin marit.* p. 96, et *Soc. ent.* 1853, p. 618). Vit aux dépens des larves des *Crypturgus pusillus* et *cinereus*.

Bimaculus, Payk. . . assez rare ; sous les écorces du chêne et de l'orme. Sos (P. B.).
Sa larve vit avec celles des *Dryocœtes villosus* et *capronatus*. (*Gobert*, *l. cit.*, p. 122).

Testaceus, F. . . . . . commun ; sous les écorces du chêne, de l'orme ; toute la région.
Larve : *Perris* (*Larv. col.* 1877, p. 59, ff. 43-45). Elle vit aux dépens de celle du *D. capronatus*.

Capensis, Waltl. . . . très rare ; sous les écorces mortes du figuier, sur les amandes, (Sos (P. B.).

Hypobori, Per. . . . . commun ; sous les écorces du figuier.
Larve : *Perris* (*Soc. ent.* 1855, p. 77). Elle vit aux dépens de celle de l'*Hypoborus ficus*.

Duplicatus, Waltl. . . assez commun ; sous les écorces du chêne. Gimont, Samatan, Campagne. — Sous celles du pin à Sos (P. B.).

Ater, Ol. . . . . assez commun ; sous les écorces du genêt à balais et de l'ajonc. Sos (P. B.).
Larve : Wetswood (Introd. T. I, p. 146, sous le nom de *Cucujus spartii*). Vit aux dépens des larves de *Phlœophthorus spartii*, de *Hypoborus ficûs* et de *Dryocœtes coryli.*)

Clematidis, Er. . . . . assez rare ; sous l'écorce de la Clématite, ainsi que sa larve qui vit aux dépens du *B. bispinus* si commun sur cette plante (*Gobert, l. cit.*).

Lathropus, Er.

Sepicola, Mull. . . . commun à Sos sur les buissons, les branches mortes des arbres fruitiers (P. B.).
Larve : Perris (Cat. Gobert, p. 123, et *Larv. col.* 1877, p. 62, ff. 46-53). Elle vit sous les écorces d'orme aux dépens des Scolytes et des *Hylesinus vittatus* et *Kraatzi.*

Pediacus, Shuck.

Dermestoïdes, F. . . très rare ; Sos sous l'écorce du pin (P. B.).
Larve : Perris (Ins. pin marit. p. 469 et *Soc. ent.* 1862, p. 191.) Elle vit avec le *B. stenographus.*

Silvanus, Latr.

Frumentarius, F. . . assez rare ; dans les vieilles farines et les grains. Gimont. — Sos (P. B.).
Larve : Wetswood (Introd. T. I, p. 154). *Erichson (Archiv. nat.* T, VIII, p. 370). *Blisson (Soc. ent.* 1850, p. 163). *Coquerel (ibid.* 1849, p. 172).

Bidentatus, F. . . . . rare à Sos sous l'écorce du chêne mort (P. B.).

Unidentatus, F. . . . très commun; toute l'année sous les vieilles écorces.
Larve : Perris (Soc. ent. 1853, p. 627 et *Ins. pin marit.* p 105).

Similis, Er. . . . . . commun sur les rameaux des pins abattus. Sos (P. B.).

Æraphilus, Redt.

Geminus, Kr. . . . . . rare ; pris en fauchant le soir sur les herbes dans les marécages. Gimont, un seul. — Marciac (E. A.). — Sos (P. B.).

Psammœcus, Boud.

Bipunctatus, F. . . . . commun à Sos sur les plantes basses dans les marécages, dans les détritus d'inondations (P. B.) Bords de l'Adour (E. A.).

Telmatophilus, Heer.

Sparganii, Ahr. . . . rare ; sur les herbes au bord des marais. Sos (P. P.).

Typhæ, Fall. . . . . . rare ; sur *Typha latifolia ;* dans les détritus d'inondations de la Gimone, en octobre et novembre. Gimont. — Sos (P. B.).

Obscurus, Fabr. . . . commun ; sur les Carex dans les lieux humides. Gimont, assez rare. — Sos, commun (P. B.).

Brevicollis, A. . . . . rare ; mêmes mœurs ; Sos (P. B.).
Larve : Perris (*Larv. col.* 1877, p. 68, ff. 54-58, et *Cat Gobert*, p. 125). Elle vit dans les fleurs de *Sparganium ramosum*.

Rufus, Reitter. . . . . un seul exemplaire en fauchant au bord des marécages. Sos (P. B.).

Tribu XIV. — CRYPTOPHAGIDÆ.

Antherophagus, Latr.

Silaceus, Herbst. . . . rare ; se prend accidentellement en fauchant ; vit dans les nids de *Bombus sylvarum*. Marciac (E. A.). — Sos (P. B.).
Larve : Perris (Larv. col. 1877, p. 73). Elle vit en parasite chez le *B. sylvarum*.

Cryptophagus, Herbst.

Lycoperdi, Herbst. . commun dans l'Armagnac et les Landes dans les *Lycoperdon* (vulgo : vesse de loup), plus rare dans notre région où ces cryptogames sont moins abondants.

Larve : Bouché (*Naturg. der Ins.* 1834, p. 191). Elle vit en décembre dans ces mêmes cryptogames.

Pilosus, Gyl . . . . . rare ; dans les détritus végétaux, les toitures de chaume. Gimont. — Sos (P. B.).

Saginatus, Sturm. . commun ; dans les détritus en automne ; pris en abondance à Ligardes, fin septembre, par M. Lucante, dans les Lycoperdon. Avec *L. fuliginosus* (*Rouget*).

Scanicus, L. . . . . . commun ; sous les détritus au printemps et en automne, dans les pailles, les détritus d'inondations ; dans les nids de guêpes et de frelons.

Sa larve vit dans les nids de ces hyénénoptères et dans les matières en fermentation, aussi bien que dans les lierres vermoulus (*Gobert. l. cit.*, p. 127).

Affinis, Sturm. . . . . . commun dans les végétaux en décomposition. Sos (P. B.).

Hirtulus, Kraatz. . . commun à Sos en juin sur les fleurs de Spirées. C'est le *immixtus*. Pand. du catalogue de M. Gobert (P. B.). — Gimont.

Cellaris, Scop. . . . rare ; sous les bois humides dans les caves. Gimont, — Sos (P. B.).

Larve : Wetswood (*Introd.* 1839, T. I, p. 148, f. 12). *Newport* (*Trans. Linn. Soc.* 1850, p. 351). Même habitat.

Acutangulus, Gyll. . rare ; mêmes mœurs. Sos (P. B.).

Dentatus, Herbst. . . commun ; toute l'année, surtout en automne sous les détritus végétaux.
Larve : Perris (*Soc. ent.* 1852, p. 578 et (*Ins. pin marit.* p. 476). Elle vit sous les écorces et dans les chaumes des déjections des larves xylophages.

Bicolor, Sturm. . . . . Sos (P. B.).

Distinguendus, Sturm. commun ; sur les châtons du chêne, à Sos (P. B.).

Lapponicus, Gyll. . . commun ; dans les nids de chenilles du *Bombyx pitiocampa* en automne et en hiver ; sur les fleurs d'*Ulex Europæus* en mars et avril. C'est le *Perrisi*, Pand. du catalogue de M. Gobert. (*Bauduer*, ex *Reitter*).
Larve : Perris (*Ins. pin marit.*, p. 111, et *Soc. ent.* 1843, p. 633) sous le nom de *Paramecosoma abietis*, si ce n'est pas vraiment la larve de ce dernier. Vit dans les mêmes nids.

Vini, Panz. . . . . . . assez commun sur les vieux tonneaux, sous les bois humides des celliers, sur *Ulex Europæus* en mai. Sa larve vit avec celle du *cellaris*.

Verrucifer, Pand. très rare à Sos (P. B.).
Thomsoni, Reitt. .

Pubescens, Sturm. . assez commun dans les nids de guêpes et de frelons. Lectoure, Courrensan (A.L.). Avec *L. fuliginosus* (*Rouget*). — Sos (P. B.).

Paramecosoma, Curtis.

Abietis, Payk. . . . . . assez commun ; sur le pin à Sos (P. B.).

Pilosula, Er. . . . . . rare ; sur le châtaignier à Sos (P. B.).

Melanocephala, Herbst. sur le pin à Sos (P. B.).

Hypocoprus, Mots.

Lathridioïdes, Mots.. commun à Sos toute l'année dans le crottin sec de cheval (P. B.); fort rare dans la région. Je ne l'ai pris qu'une fois à Gimont en janvier, sous une pierre qui couvrait une fourmilière.

Atomaria, Steph.

Ferruginea, Sahlb.. rare; à Sos sous les herbes dans les marais (P. B.). Avec *L. fuliginosus* (*Erichson*).

Plicicollis?....... Sos (P. B.).

Nana, Er........ en hiver sous les écorces, au printemps sous les herbages en décomposition, dans les fagots de petits bois. Gimont. — Lectoure, Courrensan (A. L.). — Sos (P. B.).

Umbrina, Gyll..... commun; mêmes mœurs.

Linearis, Steph.... rare; id. Courrensan (A. L.). — Sos (P. B.). Nuit beaucoup aux betteraves dans le Nord. (*Bazin, Soc. ent.* 1854).

Mesomelas, Herbst.. rare; dans les détritus d'innondations. Gimont. — Sos (P. B.).

Munda, Er....... Sous les bois humides dans les celliers. Sos (P. B.)

Nigripennis, Payk.. sous les écorces, les détritus. Gimont.

Pulchella, Heer.... Sos (P. B.).

Basalis, Er....... sous les détritus au bord des eaux. Commun; Gimont. — Sos (P. B.).

Fuscata, Er...... Sos (P. B.).

Apicalis, Er...... Id.

Scutellaris, Mots... Id

Atricapilla Steph . . . en novembre dans les détritus d'inondations à Gimont.

Pusilla, Payk. . . . . . sous les écorces du chêne. Sos (P. B.).

Ruficornis, Marsh. . le soir au vol autour des fumiers. Dans les fourmilières de *L. fuliginosus*. (*Rouget*.)

Epistemus, Wetsw.

Globosus, Waltl. . . . très rare ; dans les mousses. Sos (P. B.).

Gyrinoïdes, Mars. .. très abondant dans les détritus d'inondations.

Globulus Payk. . . . . plus rare ; mêmes mœurs. Gimont, — Sos (P. B.).

Exiguus Er. . . . . . rare ; id. Gimont. Sos. (P. B.).

Tribu XV. — LATHRIDIDÆ.

Langelandia, Aubé.

Anophthalma, A. . . commun ; dans les bois enterrés, sur les vieux piquets, quelque fois sous les pierres ; avril-novembre. Gimont. — Lectoure, Gayanpouy (A. L.). Sos (P. B.). *Larve : Perris* (*Larv. col.* 1877, p. 77, ff. 59-61, et *Cat. Gobert*, p. 130).

Anommatus, Wesm.

12 — Striatus, Mul. commun ; avec le précédent et dans la terre avec *Anillus cæcus*, toute l'année. Gimont. — Lectoure, Correnssan (A. L.). Sos (P. B.).

Planicollis, Fairm. . très rare ; à Sos sous les pierres (P. B.).

Holoparamecus, Curt.

Singularis, Beck. . . . rare sous les écorces du chêne-liège à Sos (P. B.).

Lowei, Wollast. . . . un seul exemplaire à Sos dans une fourmilière (P. B.).

Lathridius, Fllig.

Angusticollis, Hum. rare ; sous les écorces en hiver ; sur le lierre et dans les chaumes à Gimont, Sos (P. B.). C'est le *Pandellei*, Bris. du Catalogue de M. Gobert. (P. Bauduer).

Angulatus, Marsh... assez rare ; mêmes mœurs. Gimont. — Sos (P. B.). C'est l'*angusticollis*, Hum. du Catalogue de M. Gobert. (P. Bauduer.)

Nodifer, Wesm.... assez commun ; mêmes mœurs. Gimont, Sos (P. B.).

Elongatus, Gyll.... rare ; en tamisant des feuilles et des mousses. Courrensan (A. L.), Sos (P. B.). C'est le *constrictus*, Gyll. du Catalogue de M. Gobert. (P. Bauduer.)

Ruficollis, Marsh.
Collaris, Marsh... assez commun ; sous les écorces de platane, dans les fagots de petits bois. Courrensan (A. L.). Je l'ai pris à Lahourcade (Basses-Pyrénées), en septembre dans les fagots. — Sos (P. B.). C'est le *concinnus*, Manh. du Catalogue de M. Gobert (P. Bauduer).

Rugosus, Herbst... assez commun dans le *Reticularia hortensis*. Sos (P. B.). Sa larve vit dans le même cryptogame.

Transversus, Ol.. assez rare ; sous les détritus, les feuilles, les mousses. Gimont. — Sos (P. B.).

Minutus, L...... très commun ; dans les mêmes lieux, dans les chaumes, dans les nids de guêpes et dans les fourmilières (*Perris*). Il faut rapporter à cette espèce l'*assimilis*, Manh. cité à tort de Sos dans le Catalogue de M. Gobert (P. Bauduer).

Larve : Perris (*Soc. ent.* 1852, p. 581). Cet auteur croit qu'elle vit des moisissures qui se développent sur les détritus, ou des excréments et des dépouilles des nombreux insectes qui y vivent.

Carbonarius, Marsh. assez commun en hiver dans les mousses à Sos (P. B.).

Filiformis, Gyll. . . . rare. Sous les écorces de l'orme. Sos (P. B.).

Corticaria, Marsh.

Pubescens, Ill.. . . . très commun surtout en hiver sous toutes sortes d'abris.

Larve : Perris (*Soc. ent.* 1852, p. 585); mêmes mœurs que celle de *Lathrid. minutus.*

Crenulata, Gyll. . . commun ; mêmes mœurs.

Denticulata, Gyll . . très rare ; sous les écorces ; Sos (P. B.).

Impressa, Ol. . . . . id. id. id.

Bella, Kraatz.. . . . id. id. id.

Serrata, Payk. . . .. . commun ; sur les aubépines et dans les chaumes; Sos (P. B.).

Longicollis, Zett. . . rare ; mêmes mœurs. Sos (P. B.). et dans les fourmilières. C'est la *crenicollis,* Manh. var. du catalogue de M. Gobert. (P. Bauduer).

Spinosula, Thoms . rare; sur le chêne-liège. Sos (P. B.). C'est celui qui est désigné sous le nom de *melanophthalma* Manh. dans le catalogue de M. Gobert. (P. Bauduer).

Elongata, Hum. . . . assez rare ; au fauchoir à Gimont. Sous les écorces, près des fourmilières ; Sos (P. B.).

Gibbosa, Herbst. . . sous les écorces et les détritus. Gimont — Sos (P.B.)

Larve : Perris (*Larv. col.* 1877. p. 80, ff. 62-64.).

Transversalis, Gyll.. commun; mêmes mœurs.

Fuscula, Hum. . . . Sos (P. B.).

Truncatella, Marsh.. commun; mêmes mœurs.

Distinguenda, Villa. . id. id.

Fuscipennis, Marsh . Sos (P. B.).

Crocata, Marsh. . . . id.

Monotoma, Herbst.

Conicicollis, Guer. . très commun avec *F. rufa.* à Sos (P. B.).

Angusticollis, Gyll. . Sos (P. B.).

Picipes, Herbst. . . . commun ; le soir au vol autour des fumiers et des détritus ; printemps et automne, à Sos (P. B.).

Brevicollis, A. . . . . très commun ; sous les tas d'herbages en fermentation Gimont. — Courrensan — A Sos daus le crottin de cheval (P. B.).

Quadricollis, A. . . . Sos (P. B.).

Longicollis, Gyll. . . id.

Flavipes, Kunz. . . . très rare; le soir au vol. Sos (P. B.).

Quadrifoveolata, A. . assez rare; Gimont, dans les détritus d'inondations Sos, sous les bois humides. (P. B.). Avec *F. rufa* (*Rouget*).

Rufa, Redt. . . . . . . un seul exemplaire à Sos (P. B.).

Myrmekixenus, Chevr.

Subterraneus, Chevr. très rare dans notre région. Un exemplaire à Lectoure dans une fourmilière (A. L.) Très commun à Sos dans les tas de feuilles mortes, de pailles etc. (P. B.). C'est le *picinus*, A. du catalogue de M. Gobert, pour ce qui regarde Sos. (P. Bauduer).

Mycetea. Steph.

Hirta, Marsh. . . . . très commun dans les chais, sous les bois humides, dans les tas de pailles, de racines.

Larve : Wetsood (*Introd.* 1839, I. p. 154). *Blisson* (*Crypt. hirtus. Soc. ent.* 1849, p. 315).

Symbiotes, Redt.

Latus, Redt. . . . . . dans les troncs cariés de chêne et de châtaignier. Sos (P. B.).

Pygmœus, Hamp. . assez rare ; id. Sos (P. B.) ; dans la carie des vieux pins, Meylan (A. L.).

Tribu XVI. — MYCETOPHAGIDÆ.

Mycetophagus, Helv.

4 — pustulatus, L.. assez rare ; sous les écorces fongueuses et dans les bolets. Auch (H. B.), Lectoure (A. L.), Marciac (E. A.), Sos (P. B.).

Larve : Perris (*Larv. col.* 1877, p. 84). *Wetswood* (*Introd.* I, p. 153). *Frauenfeld* (*Soc. zool. bot. Vienne* 1867, p. 775). *Abeille* 1869, p. 107.

Piceus, F. . . . . . . commun ; dans les bolets du chêne à Sos (P. B.).

Larve : *Perris* (*Ibid.* p. 84 et *Catal. Gobert.* p. 134).

10 — punctatus, F.. très rare ; dans les troncs cariés du chêne-liège. Sos (P. B.).

Atomarius, F. . . . . très rare ; dans les bolets décomposés ; Sos (P. B.).

Multipunctatus, Helw. . . . . pas rare sur le *Boletus suberosus* du hêtre. Sos (P. B.).

Larve : Erichson (*Arch. Wiegm.* 1847, I, p. 283). *Perris* (*Ibid.*, p. 84).

Fulvicollis, F. . . . . très rare ; sous les vielles écorces du peuplier. Sos (P. B).

4 — Guttatus, Mull. très commun ; dans l'Armagnac et les Landes sur le champignon du chêne-liège, Sos (P. B.). Dans les fourmilières de *L. fuliginosus* en Armagnac (*Gobert. l. cit.*).

Triphyllus, Latr.

Punctatus, F. . . . . rare ; dans le bolet foie (*Fistulina hepatica*) où vit aussi sa larve.
Larve : Perris (*Soc. ent.* 1851, p. 39).

Suturalis, F. . . . . . assez rare ; dans les bolets décomposés, les troncs cariés de chêne-liège. Sos (P. B.).

Litargus, Er.

Bifasciatus, F. . . . pas rare dans les écorces du chêne, du châtaignier, du peuplier, etc, en hiver. Gimont. — Lectoure, Courrensan (A. L.). Sos (P. B.).
Larve : Perris (*Larv. col.* 1877, p. 84, ff. 65-71, et *Cat. Gobert*, p. 136).

Coloratus, Rosenh . . un seul individu de cette espèce algérienne trouvé à Tonneins par M. Grouvelle.

Diplocœlus, Guer.

Fagi, Guér. . . . . . . commun ; sous les écorces et sur les rameaux secs du hêtre. Sos (P. B.).

Biphyllus, Shuc.

Lunatus, F. . . . . . rare : sur le *Sphœria concentrica*, cryptogame des vieilles souches de frêne. Sos (P. B.).
Larve : Perris (*Soc. ent.* 1851, p. 42) vit sur le même cryptogame.

Typhæa, Curt.

Fumata, L. . . . . commun sous les écorces des pins, sous les débris de paille. Avec. *L. fuliginosus* (Rouget).

Larve : Perris (*Larv. col.* 1877, p. 89, et *Catal. Gobert,* p. 139). Vit dans le marc de raisins.

Berginus, Er.

Tamarisci, Wollst. . . assez rare ; dans les détritus d'inondations et en fauchant en automne ; Gimont. Sur le chêne et le pin à la floraison. Sos (P. B.). Lectoure, Courrensan, Tarsac (A. L.).

Larve : Perris (*Ins. pin marit.* p. 477, et *Soc. ent.* 1862, p. 194).

Tribu XVII. — DERMESTIDÆ.

Byturus, Latr

Tomentosus, F. . . . . commun ; en juin sur les fleurs de *Ranonculus* dans les bois. Gimont, — Lectoure à Caillavet (A. L.).

Larve : Douglas Entom. Weekly, Int. ellig 1858, p. 6). *Chap. Cand.* (*l. cit.* p. 146). Elle vit dans les fruits du *Geum urbanum*.

Sambuci, Scop. . . . , moins commun ; Lectoure un seul (A. L.), — Sos (P. B.).

Dermestes, L.

Vulpinus, F. . . . . . rare ; sous les petits cadavres en été, Lectoure (A. L.), Sos (P. B.).

Frischii, Klug. . . . . très commun ; mai-octobre sous les cadavres des petits animaux.

Larve : Perris (*Abeille* 1870, p. 35) ; mêmes mœurs que l'insecte, qui dépose ses œufs dans les corps en décomposition.

Murinus, L....... rare ; mêmes mœurs, et sous les mousses en hiver. Conrrensan (A. L.), Sos (P. B.).

Undulatus, Brahm. commun ; mêmes mœurs.

Atomarius, Er..... Sos (P. B.).

Tessellatus, F..... assez rare ; sous les mousses en hiver, Sos (P. B.).

Mustelinus, Er.... assez rare ; en hiver dans les nids de chenilles du pin à Gimont, Samatan. Sous les cadavres et les mousses à Sos (P.B.).

Aurichalceus, Kust.. dans les nids de la même chenille, sur le pin maritime. Sos (P. B.). Gimont.

Larve : Perris (*Ins. pin marit.* p. 116, et *Soc. ent.* 1853, p. 640).

Ater, Ol......... assez rare ; en hiver sous les mousses ; Auch, Gimont. — Marciac (E. A.).

Lardarius, L...... commun ; sous les cadavres, et au vol le soir en été ; sous les mousses, dans les os et les conserves de viandes.

Larve : Blaukaart (*Schonb. der Rupsen Worm.* 1688, p. 95). Elle attaque les œufs de vers à soie (*Soc. ent.* 1872, p. 205).

Bicolor, F....... très rare ; espèce exotique qui paraît acclimatée, car elle a été prise à Auch (abbé Dubin), à Marciac (E. A.), à Eauze (abbé Sarroméjean), à Courrensan (A. L.).

Attagenus, Latr.

Pellio, L........ très commun dès le mois de février dans l'intérieur des habitations, sur les fleurs, partout.

Larve : Chap. Cand. (p. 101), *Mulsant-Rey*

(*Scuticolles*, p. 69). Elle vit aux dépens des pelleteries, des vieilles graines, etc.

Megatoma, F. . . . . assez commun dans les nids d'hirondelles et sur les fleurs au printemps, Courrensan (A. L.), Marciac (E. A.). Sos (P. B.).

Stygialis, Mouls. . . . assez rare ; M. Bauduer l'a pris abondamment dans une chambre. Je le prends d'ordinaire en juin et juillet sur les fleurs de Clematite (*Clematis vitis-alba*). à Gimont. — Meylan (A. L.).

20. — guttatus, F. . . rare ; dans les troncs cariés à Sos (P. B.).

Verbasci, L. . . . . . . assez rare ; sur les fleurs en juin. Courrensan (A. L.), Sos (P. B.)

Megatoma, Herbst.

Undata. L. . . . . . . rare ; dans la carie des peupliers et autres arbres ; parfois sur les fleurs. Auch (Dubin), Marciac (E. A.). Lectoure ; plus commun à Courrensan (A. L.), Eauze (Sarroméjean). Dans les toitures de chaume à Sos (P. B.).

Larve : (*Soc. ent.* 1857 *Bullet.* 17). Elle vit sous les écorces, des débris d'insectes qui y meurent.

Hadrotoma, Er.

Nigripes, F. . . . . . assez rare ; sur les fleurs de cornouiller et d'aubépine, Lectoure (A. L.), Sos (P. B.).

Variegata, Kust. . . . très rare ; à Marciac dans un chêne carié (E. A.), à Samatan, en juillet, sur le lilas.

Trogoderma, Latr.

Versicolor, Creutz. . très rare ; sous les mousses et dans la carie des vieux troncs, Sos (P. B.).

Testaceicornis, Perris. . . . . très rare ; dans la carie du pin, Sos (P. B.).
Larve : Perris (*Ins. pin marit.* p. 482). Elle vit des dépouilles et des excréments des diverses larves qui rongent les souches de pin.

Elongatula, F. . . . . très rare ; à Marciac dans la carie d'un arbre (E. A.).

Nigra, Herbst. . . . . très rare; dans carie des arbres.Gimont.— Marciac (E. A.). — Dans les vieilles toitures de chaume, Sos (P. B.).

Tiresias Steph.

Serra, F. . . . . rare ; dans la carie des arbres, sous les mousses, sur les fleurs au printemps. Gimont.—Auch (*Dubin*), Lectoure (A.L.) — Sos (P. B.).— Marciac (E. A.).

Anthrenus, Geoff

Scrophulariæ, L. . . rare ; sur les fleurs en juin, Sos (P. B.).

Pimpinellæ, L. . . . . très commun sur les fleurs d'ombellifères, d'Achillées et autres.

Varius, F . . . . très commun ; sur les fleurs.
Larve : Erichson (*Nat. der Ins.* 1846 , III, p. 405). Elle vit dans les débris d'insectes et dans les collections d'entomologie.

Muscorum, L. . . . . id. mêmes mœurs.
Larve : Letzner (*Arb. schess. Gesells* 1854, p. 82) et *Chap. Cand.* (p. 104). Elle attaque les collections.

Fuscus, Ol. . . . . . . assez rare ; avec le précédent. Gimont. — Tarsac (A. L.).

Goliath, Sauley. . . . rare ; sur les *tamarix* à Sos (P. B.).

Trinodes, Latr

Hirtus, F. . . . . rare; dans les vieux troncs cariés de chêne et de châtaignier; dans les toitures de chaume, Sos (P. B.). Dans les habitations en mai. Gimont.

Tribu XVIII. — BYRRHIDÆ.

Nosodendron, Latr.

Fasciculare, Ol. . . . rare; dans les plaies d'arbres à Sos (P. B.).

Syncalypta, Steph.

Setigera, Illig. . . . . assez rare; de novembre à avril dans les détritus d'inondations. Gimont. — Lectoure, Agen (A. L.).

Spinosa, Rossi. . . . . commun; sous les mousses, dans le sable au bord des rivières;

Striatopunctata, Steph. rare; mêmes mœurs. Courrensan (A. L.).

Byrrhus, L.

Ornatus, Panz. . . . très rare; sous les mousses et les pierres. Marciac (E. A.).

Den:yi, Curt. . . . . Sos (P. B.).

Pilula, L. . . . . très commun; id. très abondant dans les détritus d'inondations en hiver.

Fasciatus, Ol. . . . . rare; mêmes mœurs. Gimont. — Lectoure (A. L.). — Sos (P. B.)

Dorsalis, G. . . . . . . très rare; id. Sos (P. B.).

Murinus, F. . . . . . id. id. id.

Cytilus. Er.

Varius, F. . . . . rare; sous les mousses et dans les détritus d'inondations, en novembre. Gimont. — Lectoure (A. L.).

Morychus, Er.

Nitens, Panz...... assez rare ; sous les pierres et dans les détritus d'inondations, en novembre. Gimont. – Marciac (E. A.).

Simplocaria, Marsh.

Semistriata, F. . . très rare ; sous les mousses et dans les detritus d'inondations. Marciac (E. A.).

Limnichus. Latr.

Pygmæus, Sturm... rare ; sous les cailloux et les mousses au bord des eaux Gimont, Lectoure (A.L.).

Versicolor, Waltl .. assez rare ; sur le bord des eaux dans le sable et sous les mousses. Sos (P. B.).

Aurosericeus, Duv. . rare ; sous les mousses au bord des eaux. Sos (P. B.).

Tribu XIX. — GEORYSSIDÆ

Georyssus, Latr.

Pygmæus, F..... rare ; sous les feuilles humides, sous les mousses aux bord des eaux ; dans les détritus d'inondations d'automne. Gimont, — Courrensan (A. L.).

Latreillei, Reitt.... Sos (P. B.).

Læsicollis, Germ... très rare ; dans les graviers au bord de l'Adour (E. A.), Sos (P. B.).

Tribu XX. — PARNIDÆ.

Parnus, Fabr.

Prolifericornis, F... commun ; dans les ruisseaux et les eaux stagnantes, sur les bois et les herbes immergés, sous les pierres ; quelquefois sur les herbes aquatiques au-dessus de l'eau. Avril-octobre.

Luridus, Er ..... assez rare ; mêmes mœurs. Gimont, Samatan, Sos (P. B.) ; très abondant avril-octobre sur les bords de l'Adour (E. A.).

Lutulentus, Er. .... assez rare ; mêmes mœurs. Pordiac. — Adour (E. A.).

Viennensis, Heer... rare ; id. dans les détritus d'inondations. Gimont.

Auriculatus, Ill. ... assez rare ; id. id.

Potaminus, Sturm.

Substriatus, Müll. .. commun en automne dans les petits cours d'eau sous les pierres et sur les bois submergés. Gimont, Pordiac ; printemps et automne. Bords de l'Adour (E. A.).

Potamophilus, Germ.

Acuminatus, F. ... assez rare ; sur les bois à fleur d'eau. M. Lucante l'a pris en nombre à Tarsac sur la coque d'une barque submergée dans l'Adour. Il se trahit par l'éclat d'une bulle d'air qui l'enveloppe. Sos (P. B.).

Elmis, Latr.

Obscurus, Mull. ... assez rare à Sos sous les pierres et les bois submergés dans les cours d'eau (P. B.).

Æneus, Müll. ..... commun ; mêmes mœurs. Mars à novembre.

Larve : Chap. Cand. (*l. cit.*, p. 110). *Laboulbène* (*Soc. ent.* 1870, p. 405).

Cupreus, Müll. .... id. id.

Nitens, Müll. ..... rare ; mêmes mœurs. Sos (P. B.).

Wolkmari, Müll. .. rare ; id. Pordiac en octobre. — Sos (P. B.).

Opacus, Müll. .... rare ; détritus d'inondations à Gimont. — Lectoure (A. L.).

Pygmæus, Müll. . . . Sos (P. B.).
Troglodytes, Gyll. .. id.
Larves du genre : *Mulsant et Rey* (*Uncifères*, p. 4).

Stenelmis, Dufour.

Canaliculatus, Gyll. . rare ; mêmes mœurs que les *Elmis*.
Consobrinus, Duft. .. rare ; sous les pierres au bord des eaux. Samatan, en septembre. M. Lucante en a pris une douzaine, une soirée de juillet à Courrensan, sur l'accoudoir d'une fenêtre autour de la lampe.

Macronychus, Müll.

4. — tuberculatus, Müll. . . . . commun ; sur les bois submergés dans les cours d'eau ; toute l'année. Il faut retirer ces bois de l'eau et les secouer vivement sur le sol pour le faire tomber. Lectoure, dans le Gers, Courrensan, Tarsac (A. L.), Sos (P. B.).
Larve : Chap. Cand. (*l. cit.* p. 110). *Pérez* (*Soc. ent.* 1864, p. 621).

Tribu XXI. — HETEROCERIDÆ.

Heterocerus, F.

Fossor, Kiesw. . . . . assez commun dans le sable humide au bord des rivières ; au bord de l'Adour (*Gobert. Cat.* p. 115). Il faut piétiner le sable ou l'inonder pour le faire sortir.
Marginatus, F. . . . . commun, dans la terre au bord des mares dès le mois de février. Il vole vivement.
Larve : Wetswood (*Introd.* 1839, I., p. 114).
Arragonicus, Kiesw. commun ; mêmes mœurs.
Lævigatus, Panz.. . . id. id.
Larve : Letzner (*Bresl. ent. zeit.* 1853. p. 205).
Fusculus Kiesw. . . . rare ; mêmes mœurs. Sos (P. B.).

APPENDICE I.

DESCRIPTIONS D'ESPÈCES NOUVELLES.

Bathyscia, Larcennei, Ab. n. sp.

Taille : 1 3/4 — 2 millim.

Brunnens, micans, breviter ovatus. valdè convexus, posticè attenuatus, striâ suturali nullâ, elytris transversim striolatis, antennis pedibusque brevioribus, tarsis anticis in mare dilatatis, patellam non formantibus. Brun foncé, brillant, à vestiture très fine et peu dense ; très convexe. Antennes courtes, n'atteignant pas tout à fait les angles postérieurs du corselet, assez épaisses, grossissant peu-à-peu vers le sommet, à peu près pareilles dans les deux sexes, 6e article commençant la massue et d'épaisseur subégale à celle des trois derniers, le 7e plus petit, à peine plus étroit que ceux entre lesquels il est placé. Corselet bombé sur son disque, à côtés continuant ceux des élytres, à ponctuation relativement assez serrée et assez forte. Elytres courtes, un peu plus allongées chez la femelle, à disque bombé, déclive seulement sur sa moitié postérieure, arrondies séparément au sommet, couvertes de strioles transverses assez fortes et très serrées. Pattes courtes, épaisses, tibias antérieurs légèrement courbés en dehors, intermédiaires courbés en sens inverse, postérieurs droits. Tarses antérieurs dilatés chez le ♂ mais égalant à peine la largeur des tibias antérieurs à leur sommet. Cette espèce est voisine des *Schiœdtei*, *Grenieri*, *lapidicola* et *meridionalis*. Elle diffère savoir : du premier, par son corps plus vonvexe, sa ponctuation moins forte sur le corsalet, sa réticulation plus serrée sur les élytres, sa pubescence bien plus fine et moins fournie, ce qui lui donne un aspect beaucoup plus brillant, par ses antennes plus épaisses à la base, à articles plus cylindriques; les tarses antérieurs du ♂ sensiblement plus étroits ;

Du *Grenieri*, par sa fine pubescence, la réticulation des élytres plus serrée, son aspect brillant, surtout par son corps plus court, plus convexe et moins atténué en arrière ;

Du *Lapidicola*, auquel elle ressemble au premier abord, par ses élytres moins aspèrement ponctuées, et l'absence de caractères extraordinaires dans la forme des tibias ;

Enfin, du *Meridionalis*, par son corps plus convexe, son corselet moins dilaté, surtout chez le ♂, et ses élytres à strioles bien nettes et régulières, et non irrégulières et mélangées de poins aciculés, sculpture qui rend le *meridionalis* plus mat. En outre, ses tibias antérieurs ne sont nullement spatulés comme chez le ♂ de ce dernier.

Je suis heureux de dédier cette espèce intéressante à M. l'abbé Delherm de Larcenne, qui l'a découverte à Pordiac (Gers), en tamisant la terre prise autour d'appâts animaux disposés au pied des roches calcaires abondantes dans cette région.

B. Pandellei. Ab. n. sp.

Long : 2 1[2 millim.

Fulvo-testacea, elongata, parùm convexa, postice valde attenuata, striâ suturali vix conspicuâ, parum impressâ, suturâ ipsâ depressâ, elytris tenuissime transversim striolatis, antennis elongatissimis, dimidiam elytrorum partem attingentibus, 7° articulo in utroque sexû parumper inflato, tarsis anticis in mare dilatatis patellam formantibus.

Cette espèce, que je suis heureux de dédier à M. Louis Pandellé, en souvenir de bonne amitié et d'admiration pour ses études approfondies sur les insectes des Pyrénées, a été découverte par M. l'abbé Delherm de Larcenne dans la grotte d'Aurouse, à Montferrier, département de l'Ariège. Elle se rapproche beaucoup comme forme des *B. curnipes*, *subcurnipes* et *subrectipes ;* mais ces trois dernières espèces sont plus grandes, et, au lieu d'avoir leurs tibias intermédiaires très peu courbés et leurs tibias postérieurs droits dans les deux sexes, comme chez le *Pandellei*, elles ont les tibias intermédiaires et postérieurs très-courbés, chez le ♂ surtout. Mon *Hecatæ* en est encore plus voisin ; mais il est plus convexe, ses antennes sont plus courtes et plus épaisses, et les tarses antérieures des ♂ sont précisément de la largeur du tibia à son sommet, au lieu d'être plus larges comme dans le *Pandellei*.

Ce groupe des *Bathyscia* qui habitent les grottes avoisinant les frontières de l'Ariège et de l'Aude est composé d'espèces très similaires. Cela m'engage à donner ici le signalement d'une autre espèce inédite ressemblant beaucoup à la précédente et découverte récemment par M. Gaston Mestre dans la grotte d'Alet, département de l'Aude.

B. Aletina, ab. n. sp.

Long. : 2 1/4 à 2 1/2 millim.

Fusco-testacea, parùm elongata, vix convexa, posticè attenuata, striâ suturali parùm impressâ, vix conspicuâ, suturâ ipsâ elevatâ, sed marginibus suturæ depressis, elytris tenuissimè transversim striolatis, antennis elongatis, tertiam elytrorum partem attingentibus, 7° articulo in utroquæ sexû valdè inflato, tarsis anticis in mare dilatatis patellam formantibus.

L'espèce dont l'*Aletina* se rapproche le plus est incontestablement la *Chardoni* qui habite la grotte, très éloignée, d'Axat ; mais cette dernière est plus convexe et se reconnaîtra tout de suite à sa suture même qui est déprimée. Parmi ses voisines d'origine, la *Proserpinæ* lui ressemble beaucoup comme taille et comme proportions ; mais elle est aussi plus convexe ; sa sculpture est plus grossière, ses articles antennaires sont plus noueux, et les tarses antérieurs des ♂ sont encore plus dilatés. La *Proserpinæ* habite exclusivement la grotte de *l'homme mort*, mêlée à une autre grande espèce, probablement inédite, dont je ne connais encore que la ♀.

E. Abeille de Perrin.

Agen, Imprimerie Ve LAMY.

www.ingramcontent.com/pod-product-compliance
Lightning Source LLC
LaVergne TN
LVHW050432160826
845677LV00002BA/678

9782329676357